Giorgi Kvinikadze

Geo-Economia: Teoria e Prática para Pequenos Países em Transição

Giorgi Kvinikadze

Geo-Economia: Teoria e Prática para Pequenos Países em Transição

Vista da Geórgia

ScienciaScripts

Imprint
Any brand names and product names mentioned in this book are subject to trademark, brand or patent protection and are trademarks or registered trademarks of their respective holders. The use of brand names, product names, common names, trade names, product descriptions etc. even without a particular marking in this work is in no way to be construed to mean that such names may be regarded as unrestricted in respect of trademark and brand protection legislation and could thus be used by anyone.

Cover image: www.ingimage.com

This book is a translation from the original published under ISBN 978-620-2-07280-9.

Publisher:
Sciencia Scripts
is a trademark of
Dodo Books Indian Ocean Ltd. and OmniScriptum S.R.L publishing group

120 High Road, East Finchley, London, N2 9ED, United Kingdom
Str. Armeneasca 28/1, office 1, Chisinau MD-2012, Republic of Moldova, Europe
Printed at: see last page
ISBN: 978-620-7-79447-8

O livro é dedicado à memória dos meus professores, o famoso diplomata e académico georgiano, Prof. **Alexander Rondeli**, e o meu supervisor científico, Prof. **Vaja Gujabidze.**

ÍNDICE

Agradecimentos

Gostaria de agradecer ao académico Vladimer Papava (Geórgia) e ao professor Slobodan S. Pajovic (Sérvia) pelos seus valiosos comentários. Expresso a minha gratidão à minha família (à minha mulher Marika e à minha filha Salome Kvinikadze) por criarem condições favoráveis ao trabalho científico.

Breve anotação do livro

O livro tem como objetivo demonstrar que as principais abordagens teóricas do comportamento económico externo dos pequenos países com uma economia de transição são insuficientes para explicar questões tão importantes da economia externa dos pequenos Estados como a avaliação das ameaças económicas externas e a escolha de aliados económicos. Ignorar o paradigma geoeconómico moderno é um sério obstáculo ao seu desenvolvimento acelerado.

O primeiro capítulo do livro é dedicado ao estudo das questões teóricas da geoeconomia. Com base nos pontos de vista de E. Luttwak e dos seus críticos, o autor analisa os livros e artigos dedicados à definição do conceito de geoeconomia moderna. Nesta base, o autor propõe a sua própria versão da definição de geoeconomia.

O segundo capítulo explora a identificação e sistematização das ameaças geoeconómicas que afectam diretamente o desenvolvimento de pequenos países com economias em transição (utilizando o caso da Geórgia).

O terceiro capítulo é dedicado ao estudo dos factores de integração económica regional no Sul do Cáucaso no contexto dos problemas geoeconómicos da Geórgia.

O autor espera que este livro contribua para os debates académicos sobre as prioridades e a implementação de políticas económicas externas eficazes de pequenos países com economias em transição.

Palavras-chave: Geórgia, pequeno Estado, geoeconomia, segurança, economia de transição.

CAPÍTULO 1. GEOECONOMIA: ESTRATÉGIA DE ESTADO OU DISCIPLINA CIENTÍFICA?

O mundo contemporâneo impõe hoje várias alterações e ajustamentos importantes, tendo em conta que o mundo multipolar é um fenómeno económico, político, social e cultural irreversível que ocorre simultaneamente a nível global e regional (Pajovic, 2013).

Neste contexto, tem lugar um processo permanente de "economização" da geopolítica que aumenta a flexibilidade das relações económicas globais e a sua dinâmica. Este processo é designado por geo-economia. Este termo é amplamente utilizado na literatura científica desde os anos 90, principalmente nas áreas das relações internacionais, economia política, geopolítica, geografia económica e política, entre outras.

No entanto, até à data, não existe consenso sobre o tema da geoeconomia. Quase todos os investigadores que se debruçaram sobre os problemas da geoeconomia (por exemplo, Alexiades,1946; Attali, 1990; Baru,2013; Blackwill, & Kissinger, 2016; Braudel,1981; Cohen,1991; Defarge,1996; Dicken,1998; Ismailov, E. & Papava, V.,2006; Jean,1995; Kennedy,1987; Kochetov,1999; Kundnani,2011; List,1841; Loughlin & Anselin,1996; Lorot,1999; Leyshon,2003; Luttwak,1990,1993,1999; Mensah,2010; Muradyan,1997; Nye J. Jr.,2004; Nester,1995; Pajovic,2013; Renner,1942; Scott,2013; Szabo,2014; Thirlwell,2010; Vernon,1993; e outros) interpretaram a geoeconomia tal como a entendem. O que precede dificulta a formulação de uma definição mais ou menos comummente aceite (o problema não se limita à definição de geoeconomia, mas é bastante generalizado a todo o espetro de disciplinas sociais, políticas e económicas. Muitos termos e conceitos populares, como, por exemplo, "desenvolvimento" ou "globalização", são utilizados factualmente por defeito, o que causa problemas práticos na sua aplicação efectiva, especialmente no processo de ensino a nível universitário). E isto não é surpreendente, uma vez que a definição de geoeconomia (tal como no caso da geopolítica) depende do tempo e do lugar (neste contexto, a geoeconomia tem uma conotação positiva com o termo geografia humana). Pensamos que se um investigador não mencionar o objeto da investigação, a definição de geoeconomia adquire uma forma abstrata. Convém recordar as palavras de J. Nye Jr.: "A geoeconomia é como o tempo. Toda a gente depende dela e fala dela, mas poucos a compreendem". (Nye Jr, 2004).

Durante a Segunda Guerra Mundial, o cientista americano George T. Renner utilizou o termo "geoeconomia" pela primeira vez em 1942 (Babic, 2009, 27). Décadas mais tarde, outro cientista americano, Edward Luttwak, tentou fundamentar teoricamente o termo geoeconomia no seu artigo "From geopolitics to geo-economics: the logic of conflict, a grammar of commerce", publicado em 1990. "Hoje em dia, o principal campo de batalha é económico e não militar; as sanções substituem os ataques militares, os regimes comerciais concorrentes substituem as alianças militares, as guerras cambiais são mais comuns do que a ocupação de território e a manipulação do preço de recursos como o petróleo é mais consequente do que as corridas ao armamento convencionais" (Leonard, 2015, 4).

Sugeriu que o mundo tinha entrado na era da geo-economia, tornando-se o campo de batalha para a obtenção, utilização e (re)distribuição de bens e serviços nacionais e internacionais. Nestas condições, os Estados tradicionais têm de repensar e reorganizar o modo de funcionamento, a fim de criar e apoiar sectores estrategicamente importantes da economia através da utilização de armas geoeconómicas (financiamento da investigação e do desenvolvimento, apoio financeiro direto às empresas, etc.). Isto, por sua vez, visa a criação de vantagens comparativas para estes sectores nos mercados globais.

No entanto, com o passar do tempo, estes postulados sofreram certamente uma evolução. Até à data, existe uma série de definições de geoeconomia, muitas vezes contraditórias, que se afastam muito das inicialmente formuladas por Luttwak. A partir daqui, interessa-nos analisar se estas alterações ao conceito inicial de geoeconomia o enriqueceram ou, pelo contrário, o desvalorizaram. Neste artigo, pretendemos rever o conceito inicial de geoeconomia, tal como definido por Luttwak, face a outros conceitos geoeconómicos populares, para formular a nossa própria visão da ideia geoeconómica moderna.

Tendo em conta que a investigação teórica e empírica moderna na área da geoeconomia é bastante diversificada e representada por numerosos autores, a sua análise detalhada excede de longe o formato do artigo, pelo que decidimos restringir a sua análise a um número limitado de áreas de investigação, que parecem ser as mais relevantes. Atualmente, os países diferem do que eram no passado, porque um Estado já não pode utilizar a força militar como instrumento para resolver os seus problemas económicos. As nações industrialmente desenvolvidas (Ocidente coletivo) enfrentam uma profunda crise demográfica, que não lhes permite utilizar uma enorme massa de jovens no processo de guerra. Os países desenvolvidos do mercado têm duas formas de manter uma vantagem competitiva: primeiro, investir na sua própria produção e tecnologia; e segundo, utilizar processos que não permitam aos potenciais concorrentes melhorar a sua tecnologia e desenvolver as suas economias (Kvinikadze, 2016).

Por conseguinte, estes exemplos são inevitáveis na presença de Estados e blocos de Estados. Enquanto entidades espaciais estruturadas para delimitar ciosamente os seus próprios territórios, para afirmar o seu controlo exclusivo no seu interior e para tentar influenciar os acontecimentos para além das suas fronteiras, os Estados estão inerentemente inclinados a lutar por uma vantagem competitiva contra entidades semelhantes na cena internacional (Luttwak, 1990).

A geo-economia é uma nova edição de uma velha rivalidade entre Estados. No âmbito dessa rivalidade, o capital para investimento na indústria fornecido ou dirigido pelo Estado é equivalente a armas de fogo; o desenvolvimento de produtos apoiado por subsídios governamentais equivale a melhoramentos bélicos; e a penetração no mercado assistida pelo Estado tem lugar a partir de bases militares e do exército em solo estrangeiro, bem como da influência diplomática (Luttwak, 1999, 125-130)

Segundo E. Luttwak, nas condições do mundo pós-bipolar, o confronto entre países individuais não foi a lado nenhum e apenas adquiriu novas formas. A utilização de métodos militares rudes passou para a periferia da política mundial e deixou de ser relevante para um certo número de países desenvolvidos. No entanto, os países desenvolvidos continuam a realizar "operações de combate", nas quais é utilizado um vasto arsenal de métodos geoeconómicos.

Por outro lado, hoje em dia, as nações travam cada vez mais combates geopolíticos através de meios económicos. As políticas que regem tudo, desde o comércio e o investimento até à energia e às taxas de câmbio, são utilizadas como instrumentos para conquistar aliados diplomáticos e castigar adversários.

Por conseguinte, os Estados tenderão a agir "geo-economicamente" simplesmente por causa daquilo que são: entidades definidas espacialmente e estruturadas para se superarem umas às outras na cena mundial. Apesar de todas as outras funções que os Estados adquiriram enquanto fornecedores de benefícios individuais, serviços variados e infra-estruturas variadas, a sua razão de ser e o ethos que os sustenta continuam a derivar da sua primeira função cronológica: garantir a segurança contra os inimigos. Relativamente poucos Estados tiveram de lutar para existir, mas todos os Estados existem para lutar - ou pelo menos estão estruturados como se essa fosse a sua função dominante. Por conseguinte, a concorrência intergovernamental deve, antes de mais, ser levada a cabo através de métodos económicos. Hoje em dia, tendo em conta que o uso da força militar já não é dominante a nível internacional, a hierarquia dos Estados é definida não pelo poder militar mas pelo poder económico. Hoje, vemos que a geopolítica já foi parcialmente substituída pela geoeconomia.

Num sentido mais lato, a geoeconomia não se opõe à geopolítica. Para atingir os objectivos geopolíticos, a geoeconomia utiliza métodos económicos, tal como a geoestratégia utiliza métodos militares. Por conseguinte, a geoeconomia não substitui a geopolítica, mas transforma-a. A geoeconomia baseia-se não só na lógica, mas também na sintaxe da geopolítica e da geoestratégia e, num sentido mais lato, em toda a prática das situações de conflito. A diferença entre estas duas disciplinas reside na gramática específica dos meios aplicados. Assim, de acordo com Karl Clausewitz: A "gramática" muda porque reflecte a peculiaridade dos meios aplicados.

Em contrapartida, as diferentes "gramáticas" utilizam a mesma lógica, muitas vezes a mesma sintaxe: a principal diferença entre a geoeconomia e a geoestratégia reside no facto de a estratégia, antes de mais, se inspirar na política e utilizar os meios, que diferem do seu objetivo (em que o objetivo é de carácter político). A principal diferença entre a geoeconomia e a geoestratégia é o facto de a estratégia ser inspirada, em primeiro lugar, pela política. Por conseguinte, a geoestratégia é importante para a vitória política e não para a vitória militar. Os objectivos económicos perseguidos pela geoeconomia estão estruturalmente mais próximos das aspirações políticas finais de um Estado (a acumulação de riqueza e o bem-estar dos cidadãos não são apenas objectivos económicos, mas também políticos de um Estado). Por isso, é bastante lógico falar de "vitória económica". Mas, ao mesmo tempo, os objectivos da geoeconomia podem ser de carácter puramente político; por exemplo, aumentar o seu próprio papel, adquirir a posição de líder regional ou mundial e aumentar a sua influência na arena global. Na verdade, os objectivos económicos que a geoeconomia segue estão firmemente próximos das aspirações políticas do Estado (criação de riqueza e aumento do bem-estar dos cidadãos, etc.). Assim, a geoeconomia não é apenas um objetivo, mas também um meio de política.

Teoricamente, num mundo racional, a melhor escolha seria a gestão global da economia para proporcionar o máximo crescimento desta última. Mas isso já está na esfera da ficção científica. A situação é absolutamente diferente no mundo da Política Real: os interesses privados dominam os comuns porque os interesses comuns só existem na nossa imaginação. Os projectos de curto prazo dominam os de longo prazo. As elites dirigentes e a burocracia reforçam a sua autoridade interna, explicando-a pela concorrência internacional e pela existência de um inimigo económico.

As elites políticas são legitimadas e chegam a um consenso. Se um Estado levar a cabo uma ação económica agressiva, os outros têm de reagir adequadamente. Em todo o caso, devem ser capazes de o fazer para que os potenciais agressores adoptem uma atitude moderada.

O desenvolvimento de qualquer país e, naturalmente, a sua força dependem da parte mais instruída e mais desenvolvida da população do país, frequentemente designada por elite. Se houver uma verdadeira elite no país que gira a atividade geoeconómica (por exemplo, cuidar da imagem do país, criar um clima interativo atrativo, limpar os mercados estrangeiros para os seus próprios produtores, evitar guerras geoeconómicas, etc.), o país enfrenta com relativa facilidade desafios económicos complexos.

Estas medidas inserem-se na categoria das actividades preparatórias, que são normalmente conduzidas pelos Estados que estão à beira de uma guerra geoeconómica. Estas medidas estão ligadas à "preparação de uma nação para a guerra total" (tal como aconteceu no início do século XX). Além disso, os Estados contribuem para as suas próprias economias e utilizam assim a sua força geoeconómica para atacar e para se defenderem na arena mundial. Neste caso, perseguem apenas um objetivo - obter a supremacia sobre os seus concorrentes, recorrendo a todos os meios.

É de notar que as guerras geoeconómicas, que têm objectivos geopolíticos, representam ao mesmo tempo "guerras quentes" e diferem da simples competição económica. Tanto as guerras "quentes" como as "económicas" têm uma coisa em comum - a sua tarefa estratégica é derrotar o inimigo, ou seja, submeter a vontade de um perdedor à vontade de um vencedor. Nas guerras económicas com objectivos económicos, a situação é absolutamente diferente. É de notar que a guerra económica, que tem objectivos geopolíticos (por exemplo, a utilização da influência energética russa), pode facilmente transformar-se nas chamadas "guerras quentes". Assim, difere da simples concorrência económica. Uma vez que as guerras "quentes" e as guerras geoeconómicas têm um objetivo comum (a vitória sobre o inimigo), isto significa que os vencidos obedecem à vontade do vencedor. Neste contexto, a influência económica nas mãos do vencedor é utilizada como um instrumento para atingir o objetivo. Tal como acontece com o uso da força militar.

Existe alguma semelhança entre os meios e o objetivo. Ambos representam caracteres económicos da mesma forma que a despesa e o lucro. A avaliação não é efectuada de acordo com o princípio do custo/benefício, mas através da utilização do princípio da despesa/lucro. Ao mesmo tempo, deve haver uma correspondência estreita entre as despesas de produção e o lucro obtido com ela. As guerras militares têm a lógica de um jogo de soma zero, enquanto as guerras económicas têm uma lógica diferente - baseiam-se principalmente num acordo pacífico e não num ataque mortal. Neste caso, o objetivo principal não é causar danos ao adversário, mas aumentar a sua própria riqueza, especialmente com a ajuda de investimentos básicos, que oferecem a possibilidade de aumentar a produtividade e, quando necessário, mesmo quebrando as regras que funcionam nas condições da livre concorrência e do mercado livre, numa forma particular de novo mercantilismo; e é exatamente aqui que se esconde a diferença essencial em relação ao passado, ou seja, os Estados mantiveram-se sobretudo territoriais, enquanto o mercado e as empresas se tornaram transnacionais. A estrutura organizacional do mercado e das empresas transnacionais representa uma teia e não uma hierarquia. Consequentemente, os Estados possuem menos alavancas para controlar a produção e o comércio, bem como as finanças, que anteriormente representavam os principais instrumentos da política económica do Estado.

É de notar que, ao contrário das guerras económicas, a rivalidade geoeconómica não pretende enfraquecer a economia de um adversário. O seu objetivo é reforçar a sua própria economia e aumentar a sua competitividade. A concorrência geoeconómica difere de um comércio normal, uma vez que não segue as regras que funcionam no comércio global. Cada Estado tenta aplicar as regras que lhe são mais vantajosas, ditando assim as suas próprias regras aos outros concorrentes. E.Luttwak interpreta a rivalidade geoeconómica como "concorrência", que visa melhorar a situação competitiva no mercado global e criar condições para o crescimento geoeconómico. De acordo com Luttwak, a rivalidade geoeconómica pode tornar-se uma ameaça comum para os sistemas económicos globais e nacionais. Pode dar um novo significado aos Estados-nação, uma vez que pode desempenhar a função de conduzir a guerra para a criação de um Estado moderno, o que era típico do período pós-Segunda Guerra Mundial (Luttwak, 1993, 35-43).

Segundo Luttwak, a rivalidade geoeconómica pode tornar-se uma ameaça para os sistemas económicos globais e nacionais. Neste caso, o Estado adquire um novo sentido (função), uma vez que tem de levar a cabo a tarefa da guerra através de meios económicos. Esta situação foi especialmente evidente após a Segunda Guerra Mundial (Edward Luttwak. The Coming Global War for Economic Power. The International Economy, setembro - outubro. 1993: 35-43).

Sabe-se que o mercantilismo é uma caraterística da geopolítica e que causa danos ao comércio global, porque a geopolítica sempre perseguiu objectivos político-militares, enquanto a geoeconomia está sempre orientada para a consecução de objectivos sociais e económicos sem perturbar a integridade do mercado global. Pelo contrário, contribui para o crescimento da riqueza e para a eficácia da utilização dos instrumentos económicos, que visam aproveitar a melhor parte dessa riqueza. Ao mesmo tempo, a rivalidade geoeconómica recorre a esses métodos não pautais que, na sua essência, quebram as regras da livre concorrência e do mercado livre adoptadas a nível global, multinacional e bilateral. É exatamente isto que Luttwak tem em mente quando afirma que "a geoeconomia domina um instrumento ofensivo" (Luttwak, 1993, 19-20). No entanto, o cientista americano Robert Solow critica Luttwak por simplesmente transferir a estratégia militar para a esfera económica sem ter em conta as dificuldades de um mercado e a complexidade da economia em geral. Solow exclui qualquer possibilidade de encorajar o trabalho científico e estimular a produção para adquirir o Território Industrial Mundial (Solow, 1994).

Outro cientista americano, Paul Krugman, rejeita a importância da competitividade e o facto de o comércio lucrativo definir inevitavelmente o sucesso de um país. Afirma que a riqueza de um Estado e o nível de vida da população são definidos principalmente por factores internos. A experiência mostra que, para os maiores Estados, os resultados da concorrência são menos dolorosos. Segundo Krugman, a "retórica da competitividade" é inspirada pela mobilização de consensos internos, ou seja, pela atribuição das dificuldades existentes na economia americana não à baixa produtividade dos trabalhadores americanos, mas ao comportamento económico comparativamente ativo de outros países. A transferência do tema da competitividade para o centro do debate político tem consequências muito perigosas, pois pode agravar os conflitos internacionais e provocar uma verdadeira guerra económica (Krugman, 1994, 28-44).

A generalização dos pontos de vista acima referidos permite-nos determinar o círculo de actores que se enquadram no campo de visão da geoeconomia. Estes são o governo (elite política e burocracia), a competitividade de uma economia nacional, a estratégia, a expansão para os mercados mundiais e regionais.

Partindo do exposto, a geoeconomia em geral pode ser definida como a capacidade de um governo estatal (elites e burocracia) de aplicar métodos predominantemente económicos para garantir a competitividade da economia nacional e abrir caminho para a sua expansão nos mercados globais e regionais. Ainda não é claro como os processos mundiais se irão desenvolver.

CAPÍTULO 2. CONCEPTUALIZAÇÃO E SISTEMATIZAÇÃO DAS AMEAÇAS GEOECONÓMICAS PARA OS PEQUENOS PAÍSES COM ECONOMIAS DE TRANSIÇÃO

Um fator-chave para a emergência de pequenos Estados na cena mundial é o crescimento da democracia, estimulado pela globalização da tecnologia, da economia, das comunicações e das transformações sociais criadas pelas tecnologias da informação. Estamos num mundo em que a comunidade das nações abrange atualmente um leque mais vasto de países e Estados do que nunca.

Como é sabido, os modelos económicos baseavam-se normalmente nos interesses dos países poderosos. Atualmente, muitos pequenos Estados encontram-se entre os actores mais bem sucedidos do mundo.

Os pequenos Estados, com uma economia de transição, podem desempenhar um papel importante no atual alinhamento das forças económicas, uma vez que, nesta situação, o papel principal não é desempenhado pela dimensão de um país, mas pelo que este pode oferecer à comunidade mundial. No entanto, utilizando as oportunidades na direção certa, são bastante capazes de lidar com os problemas que surgiram. A consolidação da soberania e da segurança geoeconómica (GES inclui um conjunto de capacidades funcionais e geo-financeiras do Estado para prevenir riscos de natureza económica, de gestão e política) continua a ser uma prioridade em alguns países semelhantes.

Na década de 1970, o conceito de segurança económica nacional foi ativamente utilizado por todos os países desenvolvidos. Após o fim da Guerra Fria, a segurança económica tornou-se uma prioridade para a política externa dos países altamente desenvolvidos, que já foram transferidos para os trilhos geoeconómicos (e.g. Blackwell & Kissinger, 2016; Burton, 1994; Cable, 1995; Cohen, 1991; Desouza, 2000; Dicken 1998; Drucker, 1989; Goodwin, 1991; Kennedy, 1987; Leyshon, 2003; Loughlin & Anselin, 1996; Luttwak, 1984, 1990, 1993a, 1993b, 2012a, 2012b; Muradyan, 1997; Post, 1985; Nester,1995; Spykman, 1942; Westing, 1986); assume a posição de liderança na estrutura da segurança nacional do país, porque "na situação atual, a abordagem geoeconómica determina as prioridades da segurança global e nacional, gera motivação para acções no espaço económico global" (Kvinikadze, 2017b).

A geoeconomia é um ramo relativamente novo das ciências sociais e tem algumas décadas de existência. Na Geórgia pós-comunista, as publicações sobre os seus problemas geoeconómicos surgiram sobretudo no período "pós-guerra fria" (mais especificamente, na segunda metade dos anos 90). Estas publicações criaram uma base notável para o desenvolvimento dos estudos geoeconómicos na Geórgia (por exemplo, Beridze T., Ismailov, E., Papava V., 2004; Gachechiladze, 2011,2013; Gegeshidze,1997; Ismailov & Papava, 2006; Kakulia,2013; Katsitadze, 2001; Mekvabishvili, 2012; Papava, 2002, 2017a; Papava & Gogatadze, 1998; Rondeli 1998, 2000, 2001, 2003, 2004a, 2004b, 2009, etc.).

O estudo dos fundamentos conceptuais do BEA é muito relevante para a estratégia de segurança nacional. Trazer novos factores e parâmetros para a conceção de BEA e estabelecer um novo olhar sob as condições de uma desvalorização da essência dos seus principais determinantes também aumenta o valor prático da investigação. O trabalho de Cable contém as informações mais importantes sobre esta questão (Cable, 1995). Embora o artigo seja dedicado à segurança económica internacional, a tipologia das abordagens sugeridas pelo autor pode ser utilizada na investigação da segurança geoeconómica (com algumas alterações). Estas abordagens, do ponto de vista da geoeconomia, recebem o seguinte tipo (Figura 1).

Quando se trata de objectivos que respondem aos interesses de uma sociedade ou de um Estado-nação, é possível dar uma interpretação muito mais ampla do conceito de BEA. De acordo com esta interpretação, neste caso, o mais importante é permitir que um governo leve a cabo a política escolhida de forma independente. Por um lado, esta definição faz sentido se os objectivos forem de carácter objetivo, mas se a interpretação for subjectiva, a conceção de BEA torna-se um brinquedo nas mãos dos políticos. Por outro lado, a ideia de que qualquer governo deve adquirir total liberdade na determinação da política económica e na sua realização contradiz seriamente as realidades do sistema político democrático, cuja parte inseparável é a sociedade civil e a reação dos seus sujeitos aos impulsos das decisões políticas. Consequentemente, este tipo de entendimento do BEA é favorável sobretudo aos regimes autoritários e não democráticos.

Um dos determinantes mais populares do BEA é a "estabilidade". É de salientar que esta abordagem é económica, estrutural e inequívoca, em primeiro lugar devido ao facto de o fenómeno da instabilidade acompanhar imanentemente a economia de mercado. Aqui coloca-se uma questão: qual é a diferença entre "estabilidade destrutiva" e "estabilidade criativa"?

A minha atenção está totalmente concentrada nas condições geoeconómicas que fornecem prioridades militar-tecnológicas e militar-políticas (controlo das tecnologias militares, distribuição de recursos estratégicos, etc.). Esta abordagem dá a possibilidade de integrar a investigação dos problemas de BEA no sistema de prioridades ligado à segurança nacional. É evidente que esta integração significa que a conceção de BEA não tem um objeto de exploração independente e não pertence ao domínio das ciências económicas, mas à segurança internacional, que representa um dos aspectos aplicados da teoria de BEA. Não vamos afirmar que esta abordagem é a priori inaceitável (esta é a abordagem mais admitida pelos especialistas que trabalham no domínio da segurança internacional).

A conceção de BEA ultrapassa praticamente o quadro da ciência económica e passa para a esfera da jurisprudência, em parte como resultado da armadilha terminológica ligada à "segurança". Com efeito, se as normas do direito nacional ou internacional proíbem este ou aquele tipo de actividades económicas, uma violação das normas representa um perigo para a "segurança". Do ponto de vista do seu conteúdo, esta questão contém alguma ambiguidade. Por exemplo, discutamos uma situação de fuga aos impostos, que é admitida por muitos peritos como outro perigo para o BEA. O que é que constitui um verdadeiro perigo para o BEA, neste caso, o não pagamento de impostos ou o facto de os próprios impostos serem demasiado elevados para tornar as empresas rentáveis? Em suma, o objetivo das empresas é satisfazer a procura dos consumidores e não pagar impostos elevados. É muito raro ouvirmos como resposta à pergunta "Porque é que uma empresa sombra é má?": "Porque o empresário não paga impostos". Podemos compreender quando esta resposta vem de um funcionário da administração fiscal, mas quando um economista profissional tem a mesma opinião, prova que não compreende totalmente a essência do problema. Assim, o desenvolvimento considerável do "negócio paralelo" representa um método de ajustamento do sistema fiscal repressivo, que promove o aumento dos riscos do ESB e não o seu perigo. Este argumento é certamente inaceitável para os tipos de negócios puramente criminosos, como o comércio de droga, a prostituição, o tráfico e outros, mas permite revelar as desvantagens conceptuais do BEA no âmbito desta abordagem.

É de notar que as perspectivas geoeconómicas ganharam grande popularidade na interpretação do problema do BEA. A este respeito, a questão mais discutível é: "Até que ponto a competitividade é uma dimensão de segurança específica se for um objeto de certas empresas (incluindo transnacionais) e dos seus lobbies que tentam influenciar a política de um governo?" Além disso, se a noção de "competitividade" provoca desacordos puramente técnicos ao nível das empresas individuais e de outros ramos da economia, a expressão "competitividade do Estado" levanta sérias questões conceptuais. Atualmente, o esforço em grande escala na elaboração dos índices de competitividade dos países é visto nas publicações do Fórum Económico Mundial (The Global Competitiveness Report: 2001-2002; 2004-2005; 2010-2011; 2015-2016). Neste caso, não se trata de uma questão de rivalidade global das economias nacionais que confere uma dimensão concetual à interação económica entre os países na arena global (e que faz com que a mudança da política económica orientada para o aumento da competitividade nacional se transforme, de facto, na continuação de uma guerra utilizando meios diferentes), mas a circunstância mais significativa é que, atualmente, a conceção da competitividade de um Estado carece de uma espécie de base analítica firme que permita a sua interpretação simples e inequívoca. Por exemplo: É necessário que um país reivindique as posições de liderança em competitividade, que seja líder em todos os domínios de uma economia ou é suficiente ser líder na esfera das altas tecnologias? Se a resposta à segunda parte da pergunta for "sim", então quais são os critérios para distinguir os domínios "líderes" e até que ponto é real a expetativa de que qualquer Estado seja capaz de manter a liderança em todos os domínios (tendo em conta os recursos económicos e tecnológicos limitados e o processo de globalização da economia moderna) em que a taxa de interdependência dos Estados é bastante elevada. Por último, devemos notar que esta abordagem é bastante popular entre os geoeconomistas e os especialistas em relações internacionais, embora a abordagem dos economistas profissionais continue a ser bastante crítica.

O BEA como acesso às matérias-primas e aos mercados de venda. Esta questão está sobretudo relacionada com o momento em que o determinante do BEA é a "estabilidade", na medida em que a acessibilidade dos mercados correspondentes pode ser concebida como um fator de funcionamento sem perturbações de uma economia. No que respeita à acessibilidade dos recursos estratégicos, esta abordagem aproxima-se da terceira, político-militar. Se isso implica que as empresas nacionais são mais ou menos dependentes dos mercados estrangeiros (ou seja, compram ou vendem bens e serviços para o processo de produção), seria interessante saber até que ponto é conveniente considerar os interesses dessas empresas como um elemento constitutivo da segurança a nível nacional. É evidente que, neste caso, a acessibilidade dos mercados não pode ser abrangente para os conteúdos potenciais do BEA. De seguida, tentaremos responder a algumas das questões colocadas no caso da Geórgia.

A emergência da geoeconomia está ligada ao renascimento do capitalismo de Estado e das empresas públicas, o que significa que os Estados dispõem de grandes recursos económicos. Em segundo lugar, a profunda integração dos laços comerciais e dos mercados financeiros mundiais tornou os instrumentos geoeconómicos mais poderosos.

Ao mesmo tempo, as questões geoeconómicas ganharam imensa popularidade na interpretação do problema do BEA. A este respeito, a questão mais polémica é a seguinte: "Até que ponto a competitividade é um aspeto específico da segurança, se é o objeto de certas empresas (firmas) e dos seus lobbies que tentam influenciar a política governamental?" Ou se o conceito de "competitividade" provoca desacordos puramente técnicos ao nível de empresas individuais (empresas) e outros ramos da economia, o termo "competitividade estatal" levanta sérias questões conceptuais não resolvidas (Kvinikadze, 2017b).

Ao longo do século XX, o equilíbrio de poder entre os países era normalmente visto através da lente da geopolítica e só recentemente a geoeconomia se tornou um paradigma fundamental. A diferença é que a geopolítica se centra no poder militar, nos recursos naturais e na demografia como medidas de influência nacional, ao passo que a geoeconomia dá ênfase a factores como a expansão económica nos mercados, as balanças comerciais, o bloqueio económico, o embargo, as sanções económicas, o investimento estrangeiro, etc. Nos últimos anos, a integração económica regional ou preferencial tem sido uma estratégia geoeconómica popular. Não é de surpreender que um dos objectivos que os países procuraram alcançar através da integração económica tenha sido geopolítico - ganhar poder relativo juntando forças com outros para aumentar a dimensão do seu mercado coletivo e as oportunidades económicas. O conceito de geoeconomia é por vezes utilizado para descrever um desvio da lógica prevalecente da globalização económica. A opinião generalizada de que a crescente integração económica conduzirá a uma maior democracia e estabilidade em todo o mundo ainda não está confirmada.

Um dos factores determinantes mais populares do BEA é a "estabilidade". É de notar que esta abordagem não é inequívoca. Em primeiro lugar, pelo próprio facto de o fenómeno da instabilidade acompanhar iminentemente a economia de mercado (consideramos inútil utilizar o termo "sustentável" neste contexto). Aqui surge uma questão: qual é a diferença entre "estabilidade destrutiva" e "estabilidade criativa"? É um facto que a estabilidade criativa dá início a transformações económicas, estruturais e tecnológicas. Por outro lado, os investigadores que optarem por esta abordagem enfrentarão definitivamente o dilema de saber se é suficiente limitar-se apenas às questões económicas ou prever também outros perigos. É óbvio que, no primeiro caso, o âmbito da análise se torna mais restrito, enquanto no segundo existe o perigo de a área problemática do BEE se expandir infinitamente (seja geopolítica, ecológica, humanitária, etc.) com os determinantes da "estabilidade" geoeconómica (Kvinikadze, 2017b.).

O ambiente geopolítico e de conflito instável de hoje aumentou o risco de manter uma economia aberta que pode deixar sectores e cadeias de abastecimento vulneráveis. Ao analisar os objectivos que vão ao encontro dos interesses do Estado-nação, torna-se possível uma interpretação mais ampla do conceito de BEA.

Tendo em conta o que precede, é bastante óbvio que, na fase atual, o sistema de segurança económica está a transformar-se, adquirindo novos sinais e dimensões. Em particular, no passado recente, a segurança económica das pequenas economias em transição foi definida como a máxima diversificação e autossuficiência da economia nacional.

Atualmente, os problemas geoeconómicos são os principais temas da segurança económica (Kvinikadze, 2016; Papava, 2013, 2017a; Rondeli, 1998, 2000, 2009).

Nomeadamente: A capacidade de se adaptar à dinâmica do mercado e à evolução da

Figura 1

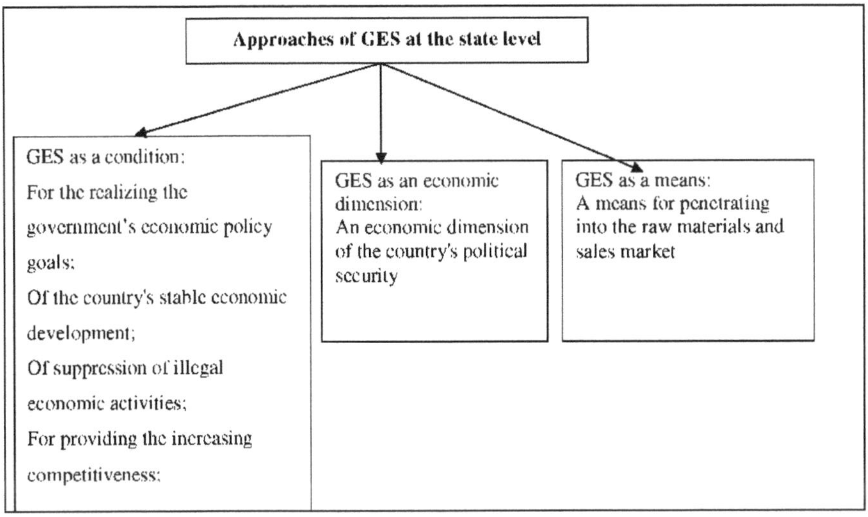

Fonte: Compilado pelo autor com base em (Cable,1995)

conjuntura da economia internacional; Procura do seu lugar e função na divisão global do trabalho; Comércio ativo; Desenvolvimento prioritário dos sectores modernos da economia e das altas tecnologias; Evitar guerras geo-económicas [e não só] ou a criação de mecanismos para uma resposta adequada em caso de guerra; Criação de um sistema educativo eficaz; Aumento do nível profissional dos recursos humanos; Aumento do nível de atividade geo-económica da elite política e da burocracia governamental. (Por burocracia geoeconómica ativa, entendo: cuidar da imagem do país, criar um clima de investimento atrativo, limpar os mercados estrangeiros para expandir a minha empresa, evitar guerras geoeconómicas e/ou a arte de as travar, etc.). O conjunto destes actores determina o BEA do país (Figura 2).

O principal objetivo deste trabalho é identificar e sistematizar as ameaças que afectam diretamente o BEA de pequenos países com economia em transição. A investigação é de natureza empírica e pertence à categoria de investigação qualitativa. O método de estudo de caso é utilizado como abordagem metodológica de base.

A análise concetual do BEA de pequenos países com economia de transição é, em si mesma, uma novidade científica, e a nomeação da base concetual do BEA é de importância prática para a formação da estratégia de segurança nacional da Geórgia. A Geórgia, um pequeno país do Cáucaso, destaca-se entre outros países pós-soviéticos: a seguir aos países bálticos, a Geórgia é o país mais bem sucedido na construção de instituições democráticas, no reforço da economia de mercado e no desenvolvimento de medidas para a integração euro-atlântica (por exemplo, Papava, 2017a). A política de vizinhança da Geórgia deve ser moderada. A Geórgia recebe recursos energéticos do Azerbaijão. Isto significa que é aconselhável manter boas relações com o Azerbaijão. Ao mesmo tempo, a Geórgia mantém uma boa relação com a Arménia.

Não faz sentido que os Estados do Cáucaso do Sul entrem em tensão e lutem entre si. A história provou que, juntos, foram invictos quando actuaram como um todo contra o império russo.

Por conseguinte, o conflito do Nagorno-Karabakh deve ser resolvido o mais rapidamente possível, a fim de dar início à criação de uma nova aliança que inclua a Geórgia, a Arménia e o Azerbaijão em termos de cooperação económica e social. No entanto, há vários factores principais que influenciam a situação na região e que podem provocar instabilidade e/ou aumentar as ameaças potenciais que os Estados individuais têm de enfrentar quando lidam com questões de segurança. O Cáucaso é uma região com pouca ou nenhuma tradição de Estado moderno. É habitada por um mosaico de vários grupos religiosos e étnicos que, na sua maioria, partilham uma história ou um legado de amizade, compreensão e tolerância, mas que, noutros momentos, são conhecidos pela desconfiança, animosidade, disputa e violência. A região é um território onde algumas fronteiras estatais ainda não estão definidas e demarcadas com exatidão, pelo que podem ser objeto de disputa (Rondeli, 1998).

Estes três Estados devem colaborar para criar um espaço de oportunidades económicas na região do Cáucaso: importar e exportar dos países asiáticos, bem como do Ocidente. Outro aspeto a referir é que, nos últimos anos, a Geórgia reforçou as instituições democráticas e deu passos importantes para se integrar economicamente no mundo ocidental. A liberalização dos vistos para a Geórgia é uma das grandes conquistas no processo de integração económica na parte ocidental.

Para começar, a Geórgia vê o seu futuro no contexto regional mais nas condições geoeconómicas do que nas geopolíticas. O Conceito de Segurança Nacional refere que é necessário criar condições para um crescimento económico estável a longo prazo, que é uma das principais prioridades da política de segurança nacional da Geórgia (Conceito de Segurança Nacional da Geórgia, 2014).

Figura 2.

Estrutura da segurança geoeconómica do país

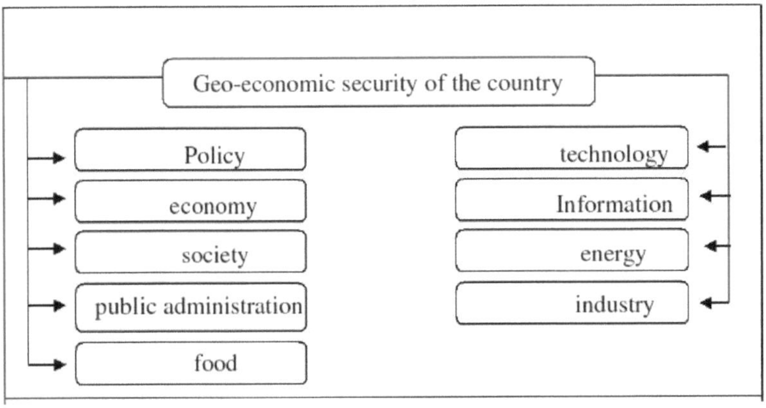

Fonte: Compilado pelo autor com base em (Cable,1995; Westing, 1986)

O Governo da Geórgia assegura o livre desenvolvimento económico, a expansão das relações económicas internacionais do país, a melhoria do ambiente de investimento a fim de atrair capitais estrangeiros, uma política fiscal e monetária conservadora e a garantia da segurança energética. Para garantir a segurança energética do país, a Geórgia tem como prioridade uma maior diversificação das fontes de energia e das rotas de transporte. É igualmente importante apoiar o desenvolvimento e a modernização dos sistemas energéticos do país, bem como a sua integração nas infra-estruturas energéticas regionais. Além disso, o reforço do potencial energético da Geórgia terá um impacto positivo na segurança do Estado, no desenvolvimento económico e no bem-estar dos cidadãos. A Geórgia considera que o reforço do seu papel de trânsito é uma tarefa importante. Por conseguinte, a Geórgia está pronta a participar mais ativamente em projectos internacionais de energia, transportes e comunicações.

Garantir a segurança ambiental da Geórgia está intimamente ligado à saúde e segurança públicas. Garantir a segurança ambiental é particularmente importante na implementação de projectos nacionais e internacionais de grande escala. O reforço da cibersegurança é um fator importante no sistema de segurança da Geórgia (Conceito de Segurança Nacional da Geórgia, 2014). No entanto, este conceito carece de sistematização e concretização. Em particular, não sistematiza os principais actores das ameaças à segurança geoeconómica (Anexo 1) e os principais indicadores da segurança geoeconómica da Geórgia (Anexo 2). Com vista a sistematizar as ameaças, parece mais conveniente dividi-las por parâmetros internos e externos e pelos principais indicadores de segurança geoeconómica a nível estatal e regional. A questão das ameaças externas à Geórgia é especialmente premente. Estas ameaças podem ser criadas tanto por forças amigas como por forças inimigas localizadas fora do país.

Para a Geórgia, a emergência de conflitos geoeconómicos nas relações económicas externas por parte de países economicamente fortes é mais perigosa. Nestes casos, a economia do país está a enfraquecer e, consequentemente, a capacidade de prevenir ameaças é limitada (Kvinikidze, 2008).

A prioridade da Geórgia nas questões económicas é a procura de um novo papel e de uma nova função tanto no sistema global como na região. No entanto, este objetivo não pode ser alcançado sem estabilidade e desenvolvimento económico na região.

Os princípios da competitividade nacional ainda não se traduziram em mudanças políticas e legislativas específicas na Geórgia, o que conduziu a uma crise política, à instabilidade económica, à pobreza e à desigualdade social no país. Uma melhoria significativa exige a proteção dos direitos de propriedade e a simplificação da execução dos contratos.

Embora a Constituição e a lei prevejam um sistema judicial independente, os progressos registados em matéria de reformas judiciais ao longo dos anos foram escassos e o Governo não respeita plenamente a independência do sistema judicial. A Geórgia continua a debater-se com as consequências prolongadas do nepotismo e da corrupção da era soviética.

O investimento direto estrangeiro na Geórgia no quarto trimestre de 2016 aumentou em $330,30 milhões. O investimento direto estrangeiro na Geórgia ascendeu a uma média de 304,81 milhões de dólares de 2005 a 2016.

A UE é o principal parceiro comercial da Geórgia. Cerca de 32,6% das suas trocas comerciais são efectuadas com a UE, seguida da Turquia (17,2%) e da Rússia (8,1%). O volume de trocas comerciais entre a UE e a Geórgia representa apenas 1% do volume de negócios total do primeiro, que ascendeu a 2,6 mil milhões de euros em 2015.

Em 2015, as exportações da UE para a Geórgia ascenderam a 1,84 mil milhões de euros. Os principais produtos de exportação são produtos minerais, maquinaria e dispositivos, produtos químicos e equipamento de transporte. As principais importações da UE provenientes da Geórgia incluem produtos minerais, produtos agrícolas, metais de base e produtos químicos.

Em 2015, a UE importou da Geórgia bens no valor de 742 milhões de euros. O comércio é extremamente importante para a economia da Geórgia.

O comércio é extremamente importante para a economia da Geórgia; o valor das exportações e das importações em conjunto equivale a 110% do PIB. A taxa pautal média aplicada é de 0,7%. Existem algumas restrições à propriedade estrangeira de terrenos agrícolas. Com o crescimento e a modernização do sector bancário, o acesso ao financiamento melhorou. Os mercados de capitais continuam a evoluir, mas a bolsa de valores continua a ser pequena e subdesenvolvida. (Índice de Liberdade Económica, 2017).

Apêndice 1

Esquema sistematizado das principais ameaças à segurança geoeconómica da Geórgia por perímetros internos e externos

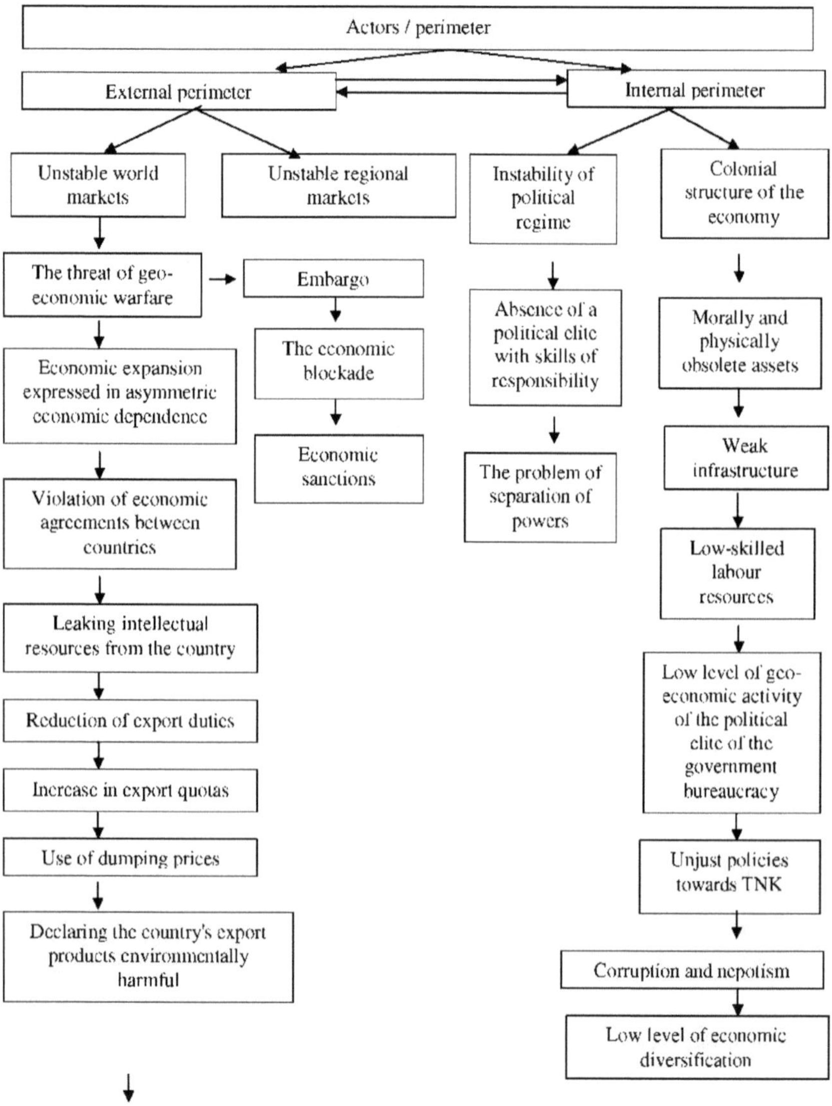

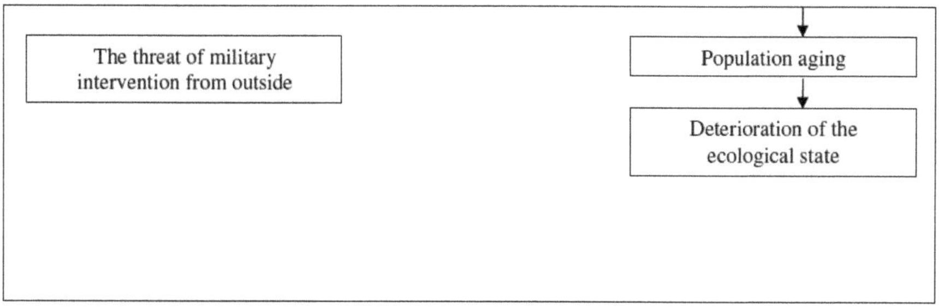

Fonte: elaboração do autor

Apêndice 2

Níveis e indicadores básicos de segurança geoeconómica da Geórgia

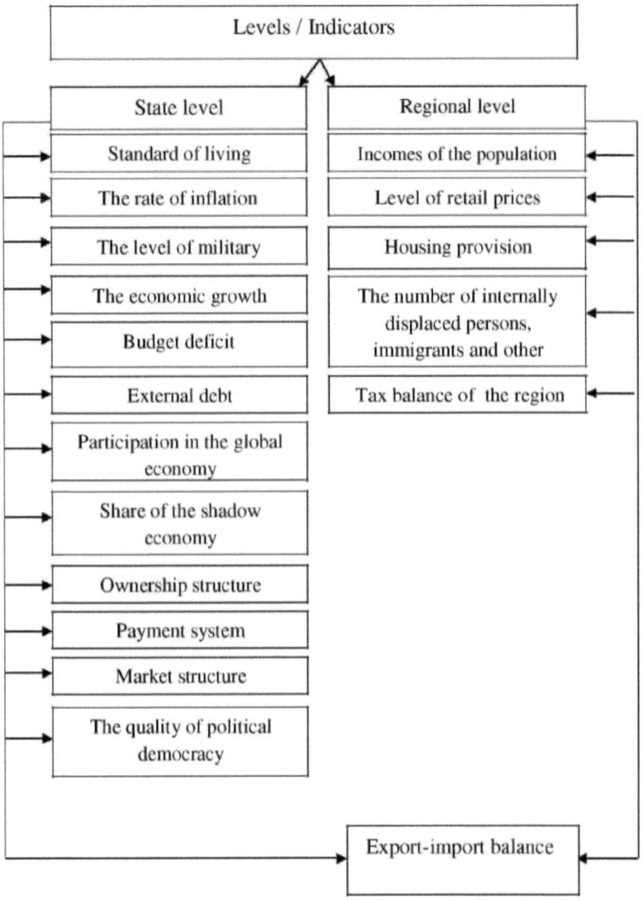

Compilado pelo autor com base nas fontes: (Post,1985; Kvinikidze, 2008)

CAPÍTULO 3. ESTIMATIVAS DE CRITÉRIOS PARA A POSIÇÃO GEOECONÓMICA DE UM PEQUENO PAÍS COM ECONOMIA DE TRANSIÇÃO

No estádio atual de desenvolvimento, a internacionalização entrou na sua fase final e o mundo está a ficar cada vez mais unido, não só no sentido filosófico, mas também na realidade. Hoje em dia, o mundo tenta procurar um novo ponto de partida para o equilíbrio dinâmico em três direcções simultaneamente: geoeconómica, geopolítica e geoestratégica. Este processo está a ser coberto por um novo modelo económico de civilização. O poder militar perde o seu papel tradicional de determinar a hierarquia dos Estados, que era utilizado pela geopolítica não há muito tempo. No período pós-Guerra Fria, a geopolítica e a geoestratégia desempenharam uma função especial apenas em casos excepcionais, enquanto a geoeconomia se tornou o principal fator determinante da ordem mundial. Na situação atual, a abordagem geoeconómica determina as prioridades da segurança global e nacional, gera a motivação das acções no espaço global e forma novos valores.

O estudo é de carácter empírico e, metodologicamente, insere-se na categoria dos estudos qualitativos; a abordagem metodológica de base é o método de estudo de caso. O conceito de "pequeno Estado" contém em si termos como "fraco" e "inseguro". Ao longo da história, o clima económico global foi geralmente moldado por países poderosos. Assim, os países pequenos, tanto em tamanho como em população, estavam sob a influência das grandes potências. Os países pequenos não tinham normalmente uma política interna soberana, porque a política externa dos grandes países tinha por objetivo controlar os assuntos internos dos países subordinados. Na maioria das vezes, as grandes potências utilizavam os recursos dos países invadidos para os seus próprios interesses. Se o país invadido tinha a função de corredor importante para o comércio, essa era uma razão essencial pela qual o invasor necessitava do país invadido. Países semelhantes têm de seguir as normas estabelecidas pelos grandes Estados. Devido ao estabelecimento do Direito Internacional na política contemporânea, os Estados mais pequenos podem tirar algum proveito dele. Mas os grandes Estados têm os seus interesses nos pequenos Estados e, normalmente, o estatuto de Estado nos micro-Estados torna-se vulnerável. Apesar dos numerosos trabalhos (por exemplo, Alesina & Spolaore; Bourne, 1991; 1997; Demas, 1965; Easterly & Kraay 1999; Harden,

1985; Jacobs, 1975; Rondeli, 2009; Wight, 1995; e outros) sobre a definição do termo países pequenos entre os cientistas, ainda não existe uma opinião única.

A emergência do conceito de pequenos Estados na geoeconomia contemporânea está relacionada com o colapso da União Soviética e o fim da Guerra Fria. Ainda hoje, os pequenos Estados têm de seguir as normas estabelecidas pelos grandes Estados. Devido ao estabelecimento do Direito Internacional na geopolítica contemporânea, os Estados mais pequenos podem tirar algum proveito dele. A ideia de soberania económica e de cooperação é, de certa forma, uma garantia de segurança, mas o estatuto dos pequenos Estados continua a ser questionado. Os grandes Estados têm os seus interesses económicos nos pequenos Estados e, normalmente, o estatuto de Estado nos micro-Estados torna-se vulnerável. As grandes potências económicas enfrentam um nível mais baixo de ameaças económicas externas do que os pequenos Estados e, por conseguinte, têm mais opções de manobra).

Esta estratégia geoeconómica consiste em comprometer as posições em benefício do adversário. Trata-se de uma estratégia muito mais eficaz porque, se se conformarem com o agressor, evitam o esperado ataque económico. É preferível praticá-la sobretudo quando a grande potência que tem intenções expansionistas está geograficamente próxima de um pequeno Estado e não há nenhuma grande potência alternativa a quem pedir ajuda. Este aspeto é bem demonstrado no caso da Geórgia, que tem conflitos com a Rússia.

Outra abordagem à política mundial que os pequenos Estados podem desenvolver é a integração económica em organizações internacionais que serão a garantia de proteção.

Os pequenos Estados podem reforçar com êxito as suas posições graças ao direito internacional e podem mesmo implementar os seus interesses económicos.

Esta estratégia geoeconómica consiste em comprometer as posições em benefício do adversário. Trata-se de uma estratégia muito mais eficaz porque, se se conformarem com o agressor, evitam o esperado ataque económico. É preferível praticá-la sobretudo quando a grande potência que tem intenções expansionistas está geograficamente próxima de um pequeno Estado e não há nenhuma grande potência alternativa a quem pedir ajuda. Este aspeto é bem demonstrado no caso da Geórgia, que tem conflitos com a Rússia.

Outra abordagem à política mundial que os pequenos Estados podem desenvolver é a integração económica em organizações internacionais que serão a garantia de proteção. Os pequenos Estados podem reforçar com sucesso as suas posições devido ao direito internacional e até podem implementar os seus interesses económicos.

Breve análise da situação:

Desvios dos modelos de mercado de afetação de recursos (o plano foi utilizado para afetar recursos);

Distribuição de prioridades com base na ideologia;

Atitudes em relação à indústria (as empresas industriais soviéticas eram grandes e de capital intensivo);

Ênfase no investimento em detrimento do consumo;

A distribuição do trabalho, distorcida pelas regras de despedimento e pelo orçamento de Estado;

Preferências regionais na afetação de recursos;

Comércio externo distorcido por organizações comerciais estatais;

A existência de uma economia "paralela" em grande escala;

Nível de emprego artificialmente elevado;

Os países ficaram em grande parte isolados das forças competitivas mundiais, em resultado do que obtivemos:

- regimes comerciais distorcidos;
- a falta de realizações tecnológicas estrangeiras;
- isolamento das ideias democráticas;
- isolamento das instituições democráticas ocidentais.

Os factores de integração económica regional no Cáucaso. Como já foi referido, os processos económicos que ocorrem na região do Cáucaso Meridional são muito dinâmicos. A região do Cáucaso tem uma importância crucial graças à sua localização económica e geográfica. É um local onde se cruzam os interesses de vários países. Aqui também se cruzam interesses geoestratégicos e geoeconómicos da Europa, da Ásia e até de países africanos.

Consequentemente, a atual situação económica e política no Cáucaso tem um impacto significativo não só nos países da região, mas também nos processos económicos mundiais. Do ponto de vista da geografia económica, a região do Cáucaso é muito rica em recursos naturais, energéticos e recreativos: petróleo, gás, minério de ferro, cobre, zinco, etc. A região também produz produtos agrícolas. A região também produz produtos agrícolas. É por isso que ganhou tanta importância. Os países do Cáucaso do Sul encontram-se na encruzilhada dos transportes internacionais e do transporte de energia. Os grandes países da região - Rússia, Turquia e Irão - bem como forças externas: EUA, NATO, UE, Israel e China tentam influenciá-los.

Na sequência do colapso da União Soviética, a Geórgia, a Arménia e o Azerbaijão adquiriram soberania económica, o que esteve na origem de graves alterações geoeconómicas na região. A situação geopolítica e geoeconómica nos países do Cáucaso Meridional é tensa, contribuindo esta tensão para três factores: a influência de forças económicas externas, os três conflitos congelados e questões internas de desenvolvimento político e económico. Ao longo da história, a Rússia tem uma política económica expansionista em relação aos países do Cáucaso Meridional.

Do ponto de vista dos actuais processos económicos, o futuro da região depende de dois projectos geoeconómicos e geológicos: por um lado, para o Ocidente, a criação da "Nova Rota da Seda" americana, a fim de obter o controlo dos recursos energéticos da Ásia Central, contornando a Rússia e a China (projeto geoeconómico), e, por outro lado, a Rússia deseja criar uma União Euroasiática (projeto geopolítico).

O primeiro projeto é a prioridade geoeconómica número um para os países da Ásia Central e do Sul do Cáucaso. Em oposição, a Rússia utiliza todos os instrumentos para envolver o maior número possível de países na "União Eurasiática". A Ásia Central é uma das regiões mais ricas do mundo em termos de recursos energéticos; o rápido desenvolvimento económico da China necessita de um abastecimento energético suficiente. Neste caso, é possível que a China se torne um líder económico mundial. A Rússia tenta manter boas relações com a Ásia Central nos domínios político e económico, porque planeia obter e manter o direito exclusivo de distribuição de energia. A Ásia Central também está interessada na diversificação dos seus próprios recursos. No caso de um corredor alternativo em termos energéticos, a região receberá dividendos económicos, o que significa que o grau de dependência da Rússia será reduzido.

No passado histórico, a Geórgia ocupou uma posição crucial no comércio e na interação com os países do Oriente e do Ocidente. Este facto demonstra que a Geórgia pode ser geoestratégica e geoeconomicamente essencial para o mundo global, partilhando os seus interesses com as potências dominantes das relações económicas internacionais. Dos três conflitos congelados que ocorreram no Cáucaso Meridional, dois estão relacionados com a Geórgia. O prolongamento dos conflitos na Abcásia e na Ossétia do Sul compromete o carácter estatal da Geórgia. A Geórgia deseja integrar-se no espaço económico euro-atlântico, o que constitui uma forma de resolver os problemas com a Rússia. De acordo com o contrato, a Rússia tem uma base militar na Arménia durante 39 anos. Se os Estados Unidos conseguirem reforçar a sua posição económica no Azerbaijão, a Rússia poderá criar uma rota terrestre direta através da Geórgia para a Arménia. Isto também pode acontecer se Israel atacar o Irão, porque estes grandes actores políticos estão envolvidos nos assuntos do sul do Cáucaso. Aqui funciona o princípio do dominó - o envolvimento de diferentes Estados na guerra pode acontecer de tempos a tempos.

Outro aspeto a mencionar é que, nos últimos anos, a Geórgia reforçou as instituições democráticas e deu passos importantes para se integrar economicamente no mundo ocidental. A liberalização dos vistos para a Geórgia é uma das grandes conquistas no processo de integração económica na parte ocidental.

No entanto, os indicadores da atividade geoeconómica ainda não permitem fazer previsões optimistas (quadro 1). Isto é especialmente verdade para indicadores como o investimento direto estrangeiro, a competitividade global, as TIC, etc.

(Quadro 1)

Principais indicadores do nível de atividade geoeconómica da Geórgia. A partir de 2016.

indicators	Participation in world trade [1]	Corruption Perception [2]	Global Competitiveness [3]	Foreign direct investment [4]	Economic freedom [5]	Education Level [6]	ICT Development Index [7]	The Global Militarization Index [8]	Government Effectiveness [9]	regulatory quality [10]	Balance of Trade [10]	Ease of starting a business [11]
Country Rating	36	48	66	102	13	70	72	48	43	34	-397.10 USD Million	6

Quadro elaborado pelo autor com base nas seguintes fontes:

1. ://reports.weforum.org/global-enabling-trade-report

2016/?doing_wp_cron=1494159675.7898080348968505859375;

2. http://www.transparency.org/news/feature/corruption_perceptions_index_2016#table;

3. http://www3.weforum.org/docs/GCR2016

2017/05FullReport/TheGlobalCompetitivenessReport2016-2017_FINAL.pdf ;

4 http://unctad.org/en/PublicationsLibrary/wir2016_en.pdf;

5. http://www.heritage.org/index/;

6. http: //hdr.undp. org/en/countries;

7. http://www.itu.int/net4/ITU-D/idi/2016/;

8. https ://www.bicc.de/uploads/tx_bicctools/GMI_2016_e_2016_01_12.pdf;

9. https://www.globalinnovationindex.org/gii-2016-report#;

10. https://www.globalinnovationindex.org/gii-2016-report#;

11. http://www.tradingeconomics.com/georgia/foreign-direct-investment.

Atualmente, um quinto do território da Geórgia está ilegalmente ocupado pela Rússia, que continua a levar a cabo a sua anexação progressiva do país. Em breve, fará um quarto de século que a Geórgia não coopera com os países ocidentais, mas este país caucasiano alcançou a sua maior conquista em junho de 2014, quando foi assinado o Acordo de Associação UE-Geórgia. A partir de 1 de julho de 2016, entrou também em vigor a Zona de Comércio Livre Abrangente e Aprofundada (Papava, 2017). A UE é o principal parceiro comercial da Geórgia. Cerca de 32,6% do seu comércio tem lugar com a UE, seguida da Turquia (17,2%) e da Rússia (8,1%). As exportações da UE para a Geórgia ascenderam a 1,84 mil milhões de euros em 2015. Os principais produtos de exportação são os produtos minerais, as máquinas e aparelhos, os produtos químicos e o equipamento de transporte. As principais importações da UE provenientes da Geórgia incluem produtos minerais, produtos agrícolas, metais de base e produtos químicos. A UE importou bens no valor de 742 milhões de euros da Geórgia em 2015 (economy.ge). O comércio é extremamente importante para a economia da Geórgia; o valor das exportações e importações em conjunto equivale a 110% do PIB. A taxa pautal média aplicada é de 0,7%. Existem algumas restrições à propriedade estrangeira de terrenos agrícolas (Economic freedom, 2017).

A proteção dos direitos de propriedade melhorou e o governo facilitou a execução dos contratos. A Geórgia ainda se debate com os efeitos persistentes da corrupção da era soviética. O investimento direto estrangeiro na Geórgia aumentou 330,30 milhões de USD no quarto trimestre de 2016. O investimento direto estrangeiro na Geórgia foi, em média, de 304,81 milhões de dólares entre 2005 e 2016 (Georgia Foreign Direct Investment, 2005-2017).

CONCLUSÕES

Tudo o que dissemos acima indica que a geoeconomia não é uma disciplina científica. Trata-se, muito provavelmente, de uma ideologia económica (bem como geopolítica) dinâmica, que visa a realização de objectivos geoestratégicos específicos do Estado.

Mas podemos tentar fazer uma generalização dos factores que a geopolítica se recusou a pôr de lado. Por exemplo, na determinação da geoeconomia, há um aspeto em que as opiniões de todos os cientistas convergem. Trata-se da necessidade urgente de melhorar o nível de educação e de formação ao longo da vida (nomeadamente da burocracia do Estado), que satisfaça as exigências da nova economia, bem como as competências do aparelho de Estado para promover as suas próprias empresas nos mercados exteriores ao país.

Na fase atual, o sistema de segurança económica adquirirá novos sinais e dimensões. O futuro do país deve ser visto num contexto geoeconómico; caso contrário, poderá permanecer subdesenvolvido.

A segurança da Geórgia deve ser desenvolvida através da cooperação económica, o que não só garantiria a estabilidade e o dinamismo económico, mas também traria benefícios tanto em termos de segurança como de economia.

O potencial geoeconómico é uma fonte fiável de enfraquecimento das ameaças geoeconómicas. O potencial geoeconómico deve ser entendido como fontes, oportunidades, meios, reservas, que podem ser utilizados para a atividade expansionista do Estado no mercado mundial.

Na Geórgia, esses recursos geoeconómicos incluem: Reforço da política de investimento; Diversificação da economia e das exportações; Aumento da quota do sector privado na economia; Redução da burocracia estatal; Reforço do papel do trânsito atraindo carga adicional; Expansão da geografia do comércio externo; Reforma da educação; Diminuição da dependência energética; Criação de um ambiente propício à obtenção de vantagens competitivas; Redução do risco de guerra geoeconómica.

Quanto às ameaças geoeconómicas externas, em primeiro lugar, é necessário destacar as ameaças do vizinho do norte, que continua a guerra geoeconómica (e não só) contra o Estado vizinho. Como a base económica da bem conhecida doutrina euro-asiática do pensamento imperial russo não é uma "economia de mercado", mas sim uma "sociedade com um mercado" (Papava, 2013, 2017a), em caso de anexação da Geórgia, o país estará condenado a um atraso secular.

Os princípios da competitividade nacional ainda não se traduziram em mudanças políticas e legislativas concretas na Geórgia, o que se traduz em crise política, instabilidade económica, pobreza e disparidade social no país. A proteção dos direitos de propriedade melhorou e o governo facilitou a execução dos contratos. O estudo concluiu que a Geórgia tem tido uma capacidade de resistência macroeconómica. No entanto, a realização de reformas institucionais mais profundas e rápidas destinadas a reforçar a independência e a eficácia do sistema judicial continua a ser crucial para a criação de uma estratégia sólida de desenvolvimento geoeconómico.

Mas uma coisa é certa: a geoeconomia é um termo que vamos ouvir durante muitos anos.

UTILIZOU FONTES BIBLIOGRÁFICAS E DA INTERNET:

Alexiades, G. (1946). *Geo-economics and Geopolitics of Greek Territories.* Atenas: 2nd Edition (em grego).

Attali, J. (1990). *Lignes d'horizon.* Paris: Fayard

Alesina, A.& Spolaore E. 1997. "On the Number and Size of Nations". *Quarterly Journal of Economics.* Vol 12 No 4 pp.1027-1056.

Análise do volume de negócios do comércio externo da Geórgia em janeiro-junho de 2015. Disponível em: http://www.economy.ge/ uploads/files/sagareo_vachroba/FTT-_20156_month .pdf

Babic, B. (2009). *Geoeconomia: realidade e ciência.* Belgrado, Publicado em: Megatrend University, press, Vol. 6 (1). (em inglês).

Baru, S. (2013). *Compreender a geoeconomia e a estratégia.* Washington: Instituto Internacional de Estudos de Segurança.

Blackwill, R, & Kissinger, H. (2016). *War by Other Means.* Um livro do CFR. Harvard: Harvard University Press.

Braudel, F. (1981). *Civilização e capitalismo, séculos XV-XVIII: O*

Estruturas da vida quotidiana. Traduzido por Sian Reynolds. Nova Iorque: Harper and Row.

Beridze T., Ismailov, E., Papava V. (2004). O Cáucaso Central e a economia da Geórgia. Baku: Nurlan

Burton D. (1994), Competitiveness: Here to Stay. The Washington Quarterly, outono, pp. 99-109

Bourne, C. 1991. "*The Changing World Environment with Special Reference to Small States*", documento apresentado no Simpósio sobre Pequenos Estados do Banco Central das Caraíbas Orientais e do Secretariado da Commonwealth, "Problems and Opportunities in a World of Rapid Change", São Cristóvão, 25-27 de março.

Cohen, S. (1991). Global Geopolitical Change in the Post-Cold War Era (Mudança Geopolítica Global na Era Pós-Guerra Fria). Annals, Association of American Geographers 81.pp.551-80.

A corrupção prejudica todos os países (2016). Disponível em: https://www.transparency.org/news/feature/corruption_perceptions_index_2 016#table

Cable V. (1995), What Is International Economic Security? International Affairs, abril, Vol. 71, No. 3.pp. 305-324.

Defarge, M. (1996). Introdução à geopolítica. Moscovo: Concord (em russo).

Dicken P. (1998). A new geo-economy // Dicken P. Global Shift: transforming the world. Guilford Press.

Desouza P. (ed.) (2000), Economic Strategy and National Security. Boulder: Westview Press.

Demas, W. G. (1965). *The economics of development in small countries: with special reference to the Caribbean.* Montreal: McGill University Press.

Dicken P. (1998), A New Qeo-Economy. Global Shift: Transforming the World. New York: Guilford Press.

Drucker P. (1989), *The New Realities: in Government and Politics, in Economics and Business, in Society and World View.* Nova Iorque: Harper & Row.

Liberdade económica, 2017. Disponível em: http://www.heritage.org/index/country/georgia

Easterly, William, e Aart Kraay. (1999). "Pequenos Estados, pequenos problemas?" Documento apresentado na Conferência sobre Pequenos Estados, Santa Lúcia, fevereiro pp.17-19.

Gachechiladze, R. (2011). O meu século XX. Tb: Publicação de Bakur Sulakauri. (Em georgiano).

Gachechiladze, R. (2013). A Geórgia no contexto mundial. Tb: Publicação de Bakur Sulakauri. (Em georgiano).

Gegeshidze, A. (1997). Geopolítica. Tb: Publishing ESM-Tbilisi. (Em georgiano).

Global Enabling Trade Report (2016), disponível em: http://reports.weforum.org/global-enabling-trade-report-2016/

Goodwin C.D. (ed.) (1991), Economics and National Security. History, of their Interaction. Durham: Duke University Press.

Goldman M. (2008), *Moscow's New Economic Imperialism.* História Atual, Vol. 107, pp.

322-329.

A Geórgia deve concentrar-se no combate à corrupção de alto nível e complexa. Disponível em: http://www.oecd.org/countries/georgia/georgia-should-focus-on-combating- high-level-and-complex-corruption.htm

Investimento direto estrangeiro na Geórgia, 2005-2017. Disponível em:

http://www.tradingeconomics.com/georgia/foreign-direct-investment

Índice de militarização global (2016). Disponível em:

https://www.bicc.de/uploads/tx_bicctools/GMI_2016_e_2016_01_12.pdf.

Relatório do Índice Global de Inovação 2017 já está disponível:

https://www.globalinnovationindex.org/#

Relatório do Índice Global de Inovação 2017 já está disponível:

https://www.globalinnovationindex.org/#

Harden, S. 1985. *Small Is Dangerous: Micro States in a Macro World*. Londres: Frances.

Relatórios de desenvolvimento humano (2016). Disponível em: http://hdr.undp.org/en.

Índice de liberdade económica (2016), disponível em: http://www.heritage.org/index/

Ismailov, E, & Papava, V. (2006). *O Cáucaso Central: Essays on Political Economy*. Estocolmo: CACC Press® AB.

Índice de desenvolvimento das TIC (2016). Disponível em: http://www.itu.int/net4/ITU-D/idi/2016/

IFC (2014), IFC and Small and Medium Enterprises, IFC Issue Brief, International Finance Corporation/World Bank Group, Disponível em: www.ifc.org/wps/wcm/connect/277d1680486a831abec2fff995bd23db/AM11IF C+ IssueBrief_ SME.pdf? MOD=AJPERES.

Jean, C. (1995). *Geopolítica.* Laterza. Roma: Bari. (em italiano).

Jacobs, B.L. 1975. "Administrative Problems of Small Countries", em Selwyn, P. (ed.), *Development Policy in Small States.* Londres: Croom Helm.

Kennedy, P. (1987). The Rise and Fall of the Great Powers: Economic Change and Military Conflict from 1500 to 2000. Nova Iorque: Vintage Books.

Kochetov, E. (1999). Geo-economia. Dominar o espaço económico mundial. Moscovo: BEK. (em russo).

Krugman, P. (1994). Competitividade: A Dangerous Obsession - Foreign Affairs. Disponível em: http://88.167.97.19/temp/Paul_Krugman_- _Competitiveness_A_dangerous_obsession.pdf

Kvinikadze, G. (2016). Ensaios Geoeconómicos: From Friedrich List to Edward Luttwak. Tbilisi: Imprensa da Universidade de Tbilisi. (em georgiano).

Kakulia, M. (2013). Crescimento económico lento na Geórgia: Political-economical aspect. Tb: Rondeli Fund. (Em georgiano).

Katsitadze, K. (2001). Transformação geopolítica e geoestratégica na Europa. Tb: Meridian. . (Em georgiano).

Kundnani, H. (2011). A Alemanha como potência geoeconómica. Disponível em: https://csisprod.s3.amazonaws.com/s3fspublic/legacy_files/files/publication/tw q11su mmerkundnani.pdf.

Kvinikadze, G. (2008*), Geoeconomics.* Tbilisi: Universal (em georgiano)

Kvinikadze, G. (2016), *Geoeconomic Essays: From Friedrich Liszt to Edward Luttwak.* Tbilisi: Imprensa da Universidade Estatal de Tbilisi. (Em georgiano).

Kvinikadze, G. (2017a), *Some Opinion on the Notion of Geo-Economic Security [Algumas opiniões sobre a noção de segurança geoeconómica].* Revista *Internacional* de Investigação em Ciências Sociais e Humanas. Vol. 5, Issue 2, pp.492-494.

Kvinikadze, G. (2017 b), *Challenges Of The 21st Century: A posição do pequeno Estado na visão geoeconómica da Geórgia.* International Journal of Social Science and Humanities Research, Vol. 5, Iss. 2, pp.495-500.

Leyshon, A. (2003). *Alternative Economic Spaces.* Londres: SAGE.

Leonard, M. (2015). *Geopolítica e Globalização: Como as Empresas e os Estados se Podem Tornar Vencedores na Era da Geoeconomia.* In the book: Geoeconomia Sete Desafios à Globalização. Disponível em: http://www3weforum.org/docs/ WEF_ Geoeconomics _7_Challenges_Globalization_2015. report.pdf

List, F. (1841). *The National System of Political Economy.* Londres: Longmans, Green, and Co. 1909.

Loughlin J. & Anselin, L. (abril de 1996). *Geo-economic Competition and Trade Bloc Formation: United States, German, and Japanese Exports 1968-1992.* Clark University: Economic Geography, vol. 72, no. 2.

Luttwak, E. (1990). *Da geopolítica à geoeconomia. Lógica do Conflito, Gramática do Comércio.* //The National Interest. verão, n.º 20.pp. 17-23.

Luttwak, E. (1999). *Turbo capitalism: winners and losers in the global economy.* Nova Iorque: Harper and Collins.

Luttwak, E. (1984), *The Grand Strategy of The Soviet Union.* Nova Iorque: Martin's Press.

Luttwak, E. (1993a), The Coming Global War For Economic Power: There are no Nice guys on the Battlefield of Geo-Economics. *The International Economy,* 7(5), pp. 18-67.

Luttwak, E. (1993b), *The Endangered American Dream.* New York: Simon and Schuster.

Luttwak, E. (2012a), *China's Rise against the Logic of the Strategy.* Cambridge: Belknap Press of Harvard University Press.

Luttwak, E. (2012b), *The Rise of China vs. the Logic of Strategy.* Cambridge: Harvard Universiti Press.

Lorot, P. (1999). Introduction à la Géoéconomie (direção da obra). *Economica.* Disponível em: http://www.univparis1.fr/formation/arts_scien.

Muradyan, I. (1997). Avaliação geoeconómica dos países da região transcaucasiana. IRAN and Caucasus I. Research Papers *from the Caucasian Center for Iranian Studies,* Yerevan-Tehran, Vol. 1 - Vol. 14, No. 2.

Mensah, Ch. (2010). *China's foray into Africa: Ideational underpinnings and interests.* Disponível em: http://www.academicjournals. AJPS IR/article-full- text-pdf/C4C3C1C40685

Mekvabishvili, E. (2012). A estratégia de desenvolvimento catching-up. Na revista científica *"Economics and Business".* Tb: Editora TSU (na Geórgia).

Nye J, Jr. (2004). *Soft Power: The means to succeed in World Politics.* Nova Iorque: Public Affairs.

Conceito de Segurança Nacional da Geórgia, 2014. Disponível em:

http://www. mfa. gov.ge/MainN av/ForeignPolicy/N ationalSecurityConcept. a spx?lang=en-US).

Nester, W. (1995), *International Relations: Geopolitical and Geoeconomic Conflict and Cooperation.* Illinois: Harpercollins College Div.

Pajovic,S. (2013). Será possível a emergência de uma parceria estratégica entre a América Latina e a Ásia-Pacífico? *Megatrend Review.* Vol. 10, No 1, Belgrado: Megatrend University.pp.262-282.

Papava, V. (2002), On the Special Features of Georgia's International Economic Function. *Central Asia and the Caucasus.* N.º 2(14) pp. 143-147

Papava, V. (2013), The Eurasianism of Russian Anti-Westernism and the Concept of "Central Caucaso-Asia." *Russian Politics and Law,* Vol. 51, No. 6, pp. 45-86

Papava, V. (2017a), A Eurasian or a European Future for Post-Soviet Georgia's Economic Development: Qual é o melhor? *Archives of Business Research,* Vol 5, No 1, pp. 159-170. Disponível em: http://scholarpublishing.org/index.php/ABR/article/view/2651/1554)

Papava, V. (2017b), Para a Geórgia, o GEENTRANCE está a chegar! Eurasia Review.

Jornal de *Análise e Atualidade,* 5 de janeiro de 2017. Disponível em: http://www.eurasiareview.com/05012017-for-georgia-geentrance-is-coming- oped/)

Papava, V., Gogatadze, N. (1998), Prospects for Foreign Investments and Strategic Economic Partnership in the Caucasus. *Problems of Economic Transition,* Vol, 41, No 5, pp. 79-88.

Post, R. (1985), National Security and the amended Freedom of Information Act. Yale *Law Journal.* Vol. 85. pp. 401-422.

Renner, G. (1942). *Human Geography in the Air Age.* New York: Macmillan.

Rondeli, A. (1998), Security Threats in the Caucasus. *Georgias's View Perception,* Vol III No 2, junho-agosto de 1998, pp. 43-53.

Rondeli, A. (1999), TRACECA a Tool for Regional Cooperation in the Caucasus. *Revista Marco Polo.* N.º 1, pp. 28-31

Rondeli, A. (2000), Security Problems in the Caucasus. In: William Ascher e Natalia Mirovitskaya (Eds.). *The Caspian Sea: A Quest for Environmental Security.* Dordrecht: Kluwer Academic Publishers, pp. 125-134.

Rondeli, A. (2001), A Voz da Geórgia Independente. In: Gennady Chufrin (Ed.). *The Security of the Caspian Sea Region.* Nova Iorque: Oxford University Press, 2001, pp 195-211.

Rondeli, A. (2004a), State Building in the Post-Soviet South Caucasus. In: Farian Sabahi e Daniel Warner (Eds.). *The OSCE and the Multiple Challenges of Transition: The Caucasus and Central Asia.* Burlington: Ashgate Publishing, pp.107-119.

Rondeli, A. (2004b), The South Caucasus: Pipeline Politics and Regional Economic Interest. In: Jean Dufourcq e Lionel Ponsard (Eds.). *The South Caucasus: Promoting Values through Cooperation.* Roma: Defense College, pp 43-52.

Rondeli, A. (2009), *O pequeno Estado no sistema internacional.* Tb: GFSIS. Tb: Nekeri Publishers. (Em georgiano).

Solow, R. (1994.). *Il mercato del lavoro come istituzione sociale.* Bolonha: Il Mulino.

Szabo, S. (2014). *Germany, Russia, and the Rise of Geo-economics [Alemanha, Rússia e a ascensão da geoeconomia].* Londres: Bloomsbury.

Scott, D. (2013). O papel da Índia no Mar do Sul da China: *Geopolitics and Geoeconomics in Play.* Disponível em: http://www.d- wpcontent/uploads/2013/09/india-scs.pdf.

Spykman, H. (1942), *American's Strategy in the World Politics: The United State and the Balance of Power.* Nova Iorque: Harcourt, Brace.

Thirlwell, M. (2010). *O Regresso da Geo-economia: Globalization and National Security.* Sydney: Instituto Lowy de Política Internacional.

Relatório sobre a competitividade global: 2001-2002. Disponível em:

http://citeseerx.ist.psu.edu/viewdoc/download?doi=10.1.1.476.4940&rep=rep1 &type=pdf

Relatório sobre a competitividade global: 2004-2005. Disponível em:

http://www.ieseinsight.com/casos/study_0035.pdf

Relatório de Competitividade Global: 2010-2011. Disponível em:

http://www3.weforum.org/docs/WEF_GlobalCompetitivenessReport_2010-11.pdf

Relatório de Competitividade Global, 2015. Disponível em:

http://reports.weforum.org/global-competitiveness-report-2015-2016/.

Relatório sobre o comércio facilitador global de 2016. Disponível em:

http://reports.weforum.org/global-enabling-trade-report-2016/

The Global Competitiveness Report 2016-2017.Disponível em:

https://www.weforum.org/reports/the-global-competitiveness-report-2016- 2017-1.

Trading Economics (2016). Disponível em: https://tradingeconomics.com.

Vernon, R. 1993. "Unclear and Present Danger": Review of 'The endangered American dream". *The National Interest* 34, disponível em: http://ceepr.mit.edu/files/papers/2015.

Westing, A. (1986), *Global Resources and International Conflict: Environmental Factors in Strategic Policy and Action.* Oxford: Oxford University Press.

Wight, M.1995. *Power Politics. editado por Hedley Bull & Carsten Holbraad.* Leicester: Leicester University Press.

Banco Mundial. Disponível em:

https://siteresources.worldbank.org/INTWDRS/Resources/WDR2011_Full_

Text.pdf reports.weforum.org/global-enabling-trade-report

016/?doing_wp_cron= 1494159675.7898080348968505859375.

Banco Mundial (2011), Telling our story: Small and Medium Enterprises (SMEs), *Telling our story.* Vol. 5, Issue 1, Grupo do Banco Mundial, Washington, DC, http://documents.worldbank. org/curated/en/2011/01/14393785/small- medium-enterprises-smestelling-story.

Relatório sobre o investimento mundial (2016). Disponível em:

http://unctad.org/en/PublicationsLibrary/wir2016_en.pdf

MIX
Papier aus verantwortungsvollen Quellen
Paper from responsible sources
FSC® C105338

Printed by Books on Demand GmbH, Norderstedt / Germany